TRAITÉ

DE

PERSPECTIVE-RELIEF

PAR M. POUDRA,

OFFICIER SUPÉRIEUR D'ÉTAT-MAJOR,

Ancien professeur à l'École d'État-Major, ancien élève à l'École Polytechnique.

ATLAS DE 18 PLANCHES.

PARIS

LIBRAIRIE MILITAIRE, MARITIME ET POLYTECHNIQUE

J. CORRÉARD,

Libraire-éditeur, et libraire-commissionnaire,

RUE SAINT-ANDRÉ-DES-ARTS, 58.

1860

TRAITÉ

DE

PERSPECTIVE-RELIEF.

TABLE DES MATIÈRES.

FIN DE LA TABLE.

SCEAUX. — IMPRIMERIE DE E. DÉPÉE.

TRAITÉ

DE

PERSPECTIVE-RELIEF

PAR M. POUDRA,

OFFICIER SUPÉRIEUR D'ÉTAT-MAJOR,

Ancien professeur à l'École d'État-Major, ancien élève à l'École Polytechnique.

ATLAS DE 18 PLANCHES.

PARIS

LIBRAIRIE MILITAIRE, MARITIME ET POLYTECHNIQUE

J. CORRÉARD,

Libraire-éditeur, et libraire-commissionnaire,

RUE SAINT-ANDRÉ-DES-ARTS, 58.

1860

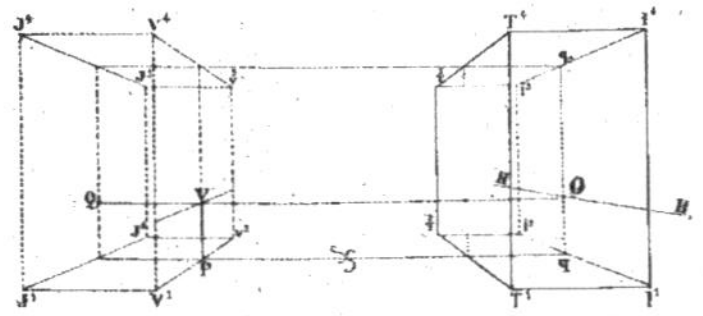

Fig. 1.

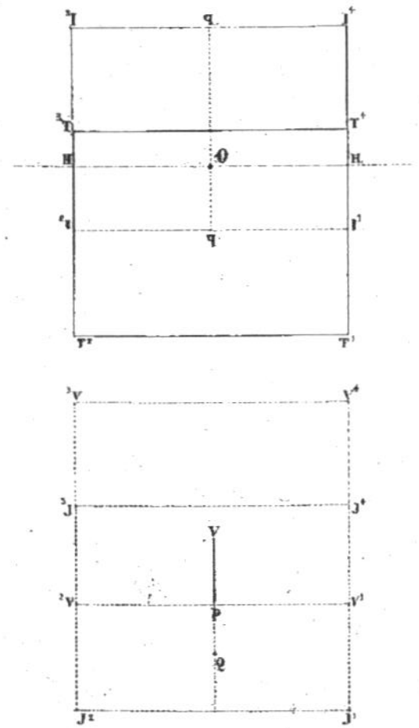

Fig. 2.

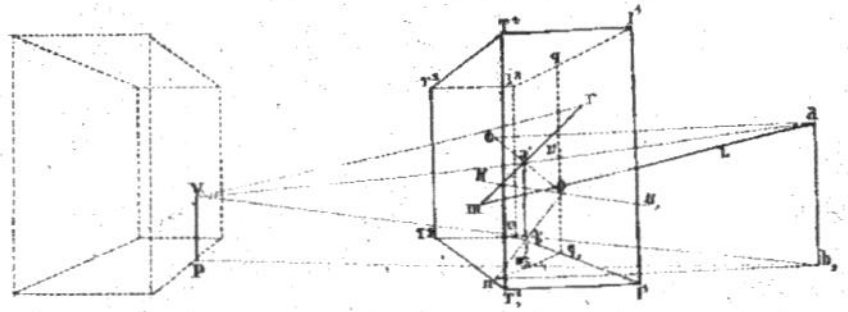

Fig. 3.

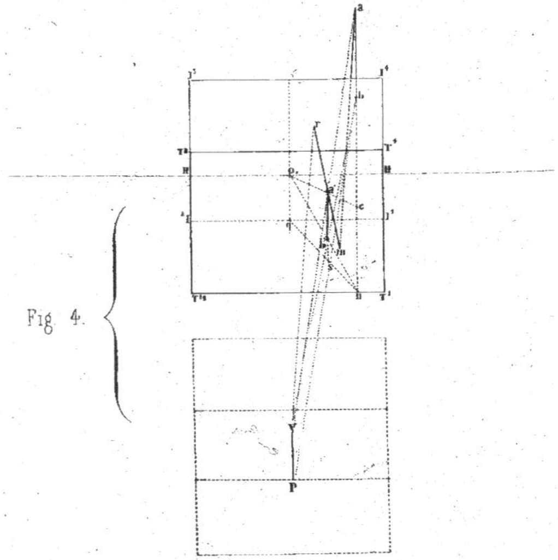

Fig. 4.

Lith. Ch. Normand, rue St-Sévèrin, 34, Paris.

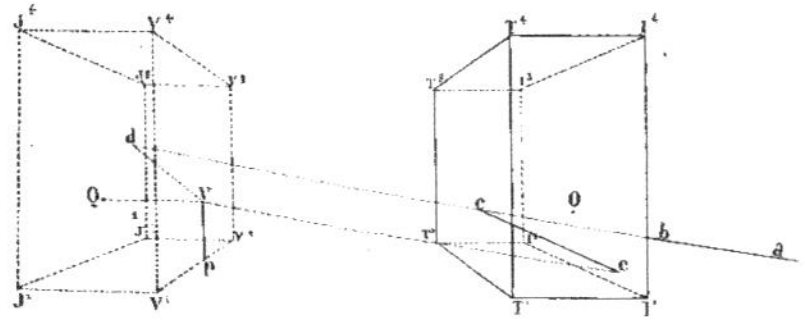

Fig. 5.

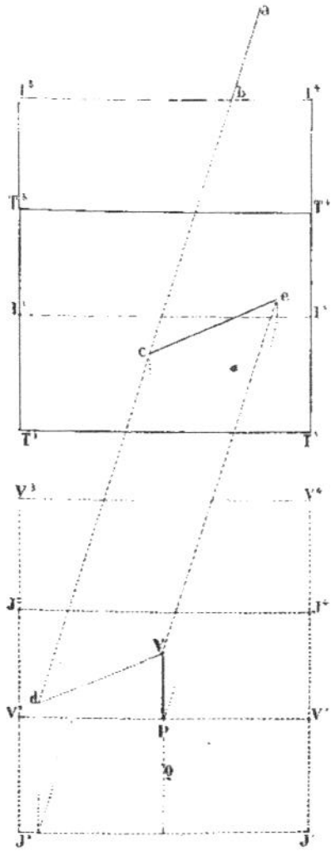

Fig. 6.

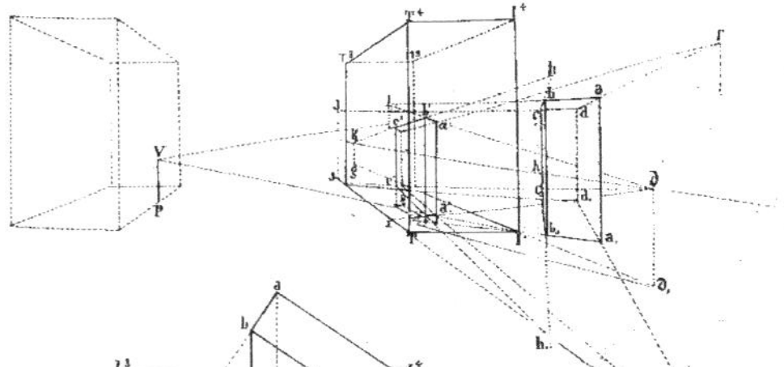

Fig. 7.

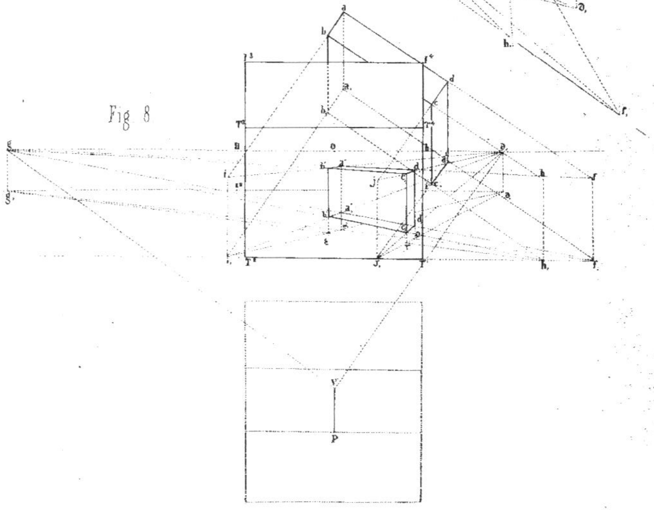

Fig. 8.

2me MÉTHODE.

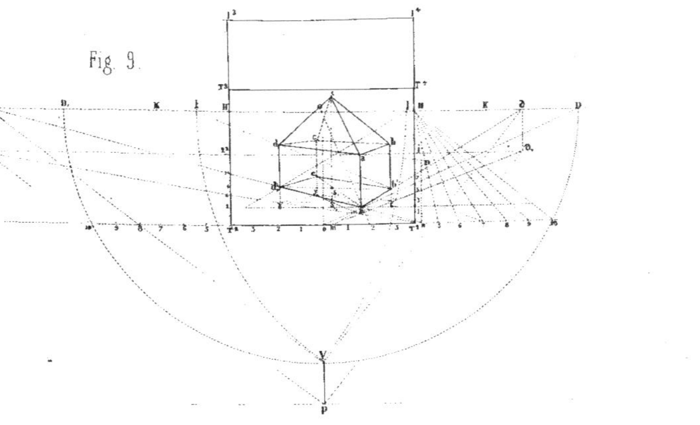

Fig. 9.

3me & 4mo MÉTHODE.

Fig. 10.

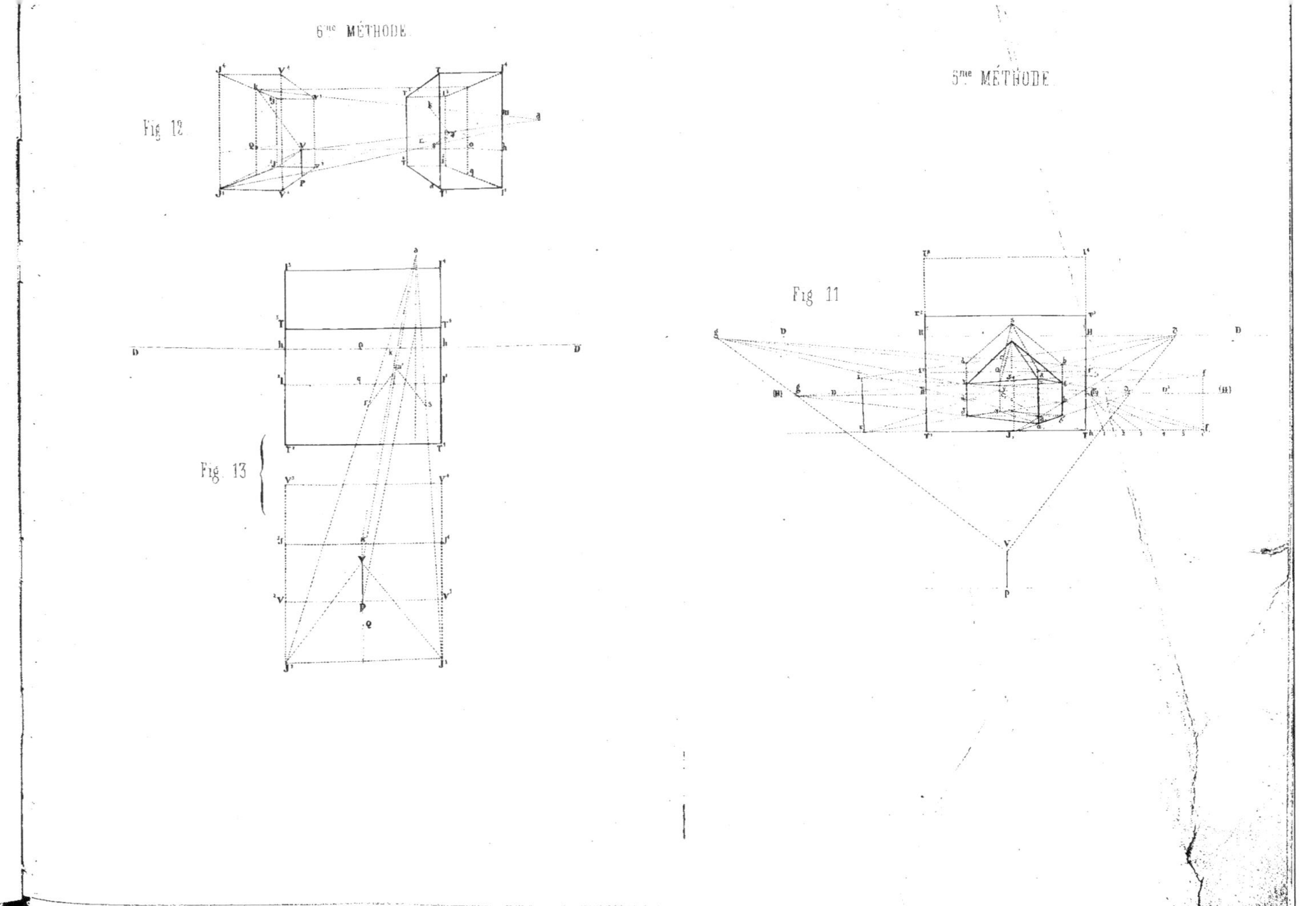

5me MÉTHODE
Fig 11
6me MÉTHODE
Fig 12
Fig 13

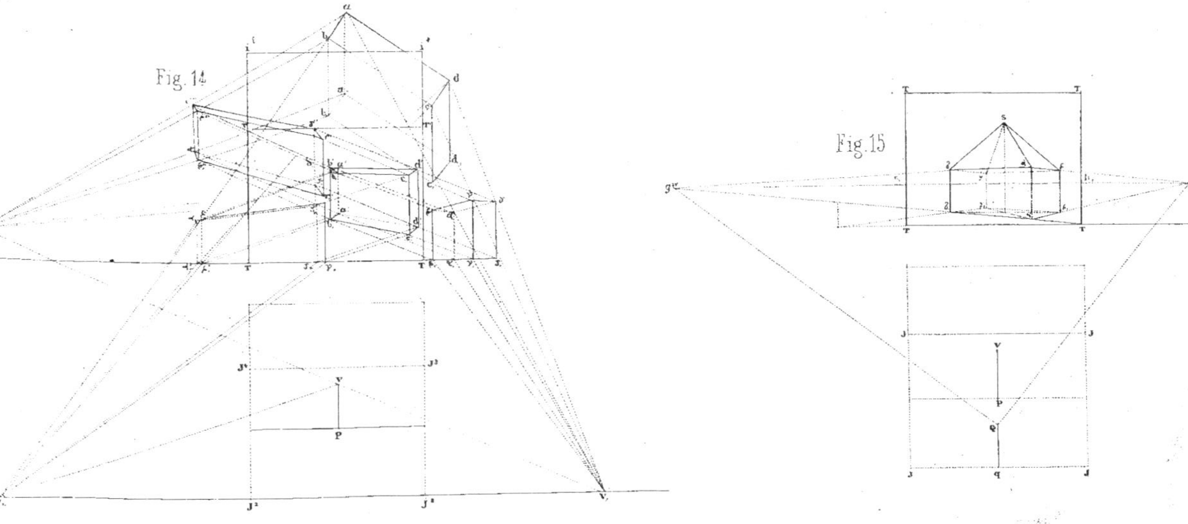

6me MÉTHODE

Fig. 14

7me MÉTHODE

Fig. 15

7.me MÉTHODE.

8.me MÉTHODE.

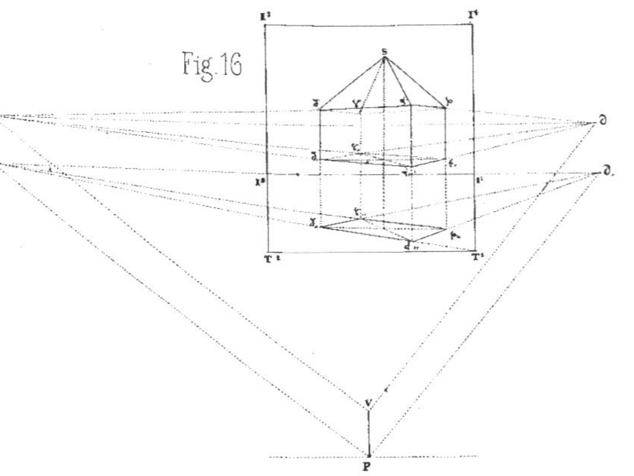

Fig. 16

Fig. 17

Fig. 18

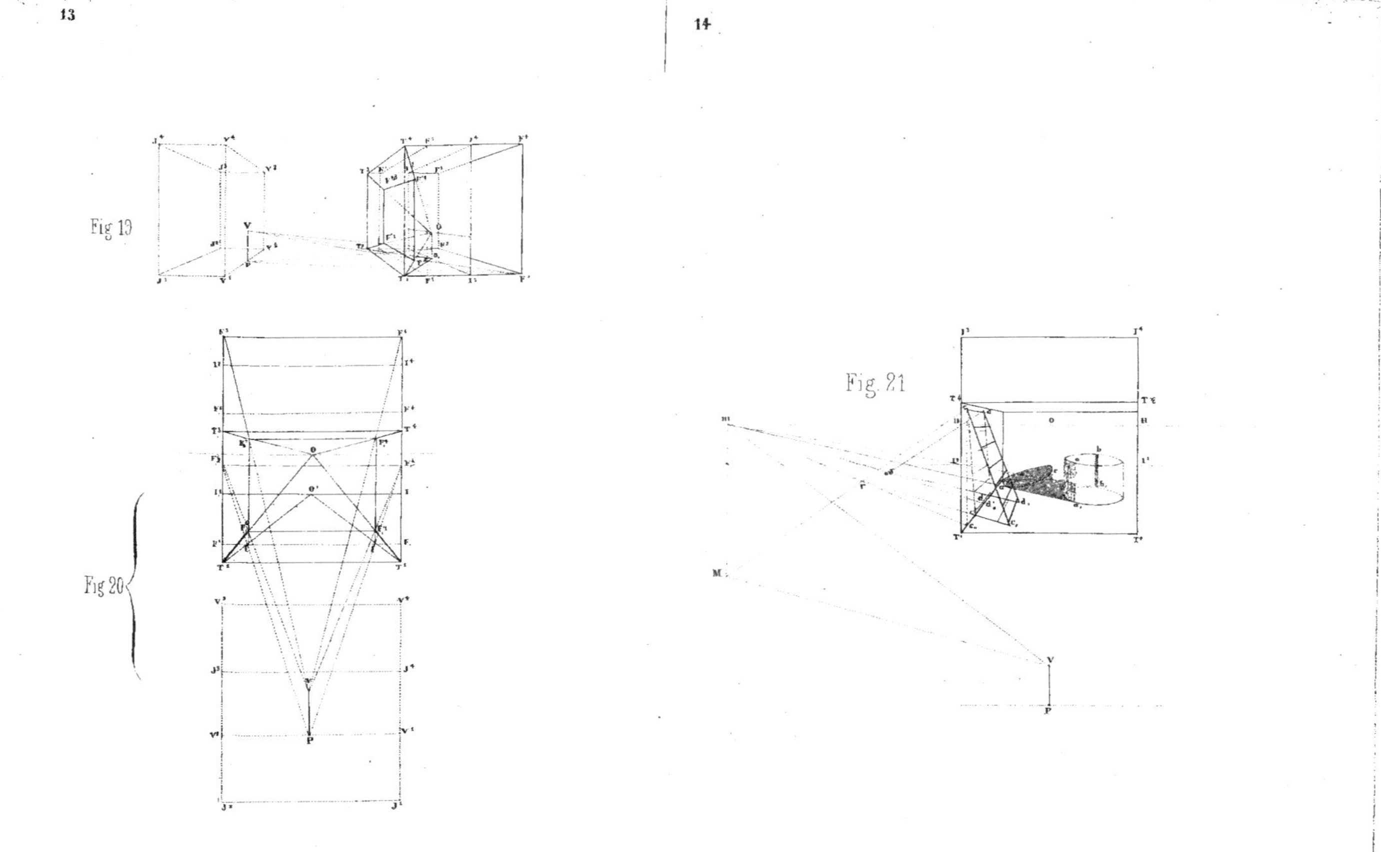

Fig 19
Fig 20
Fig 21

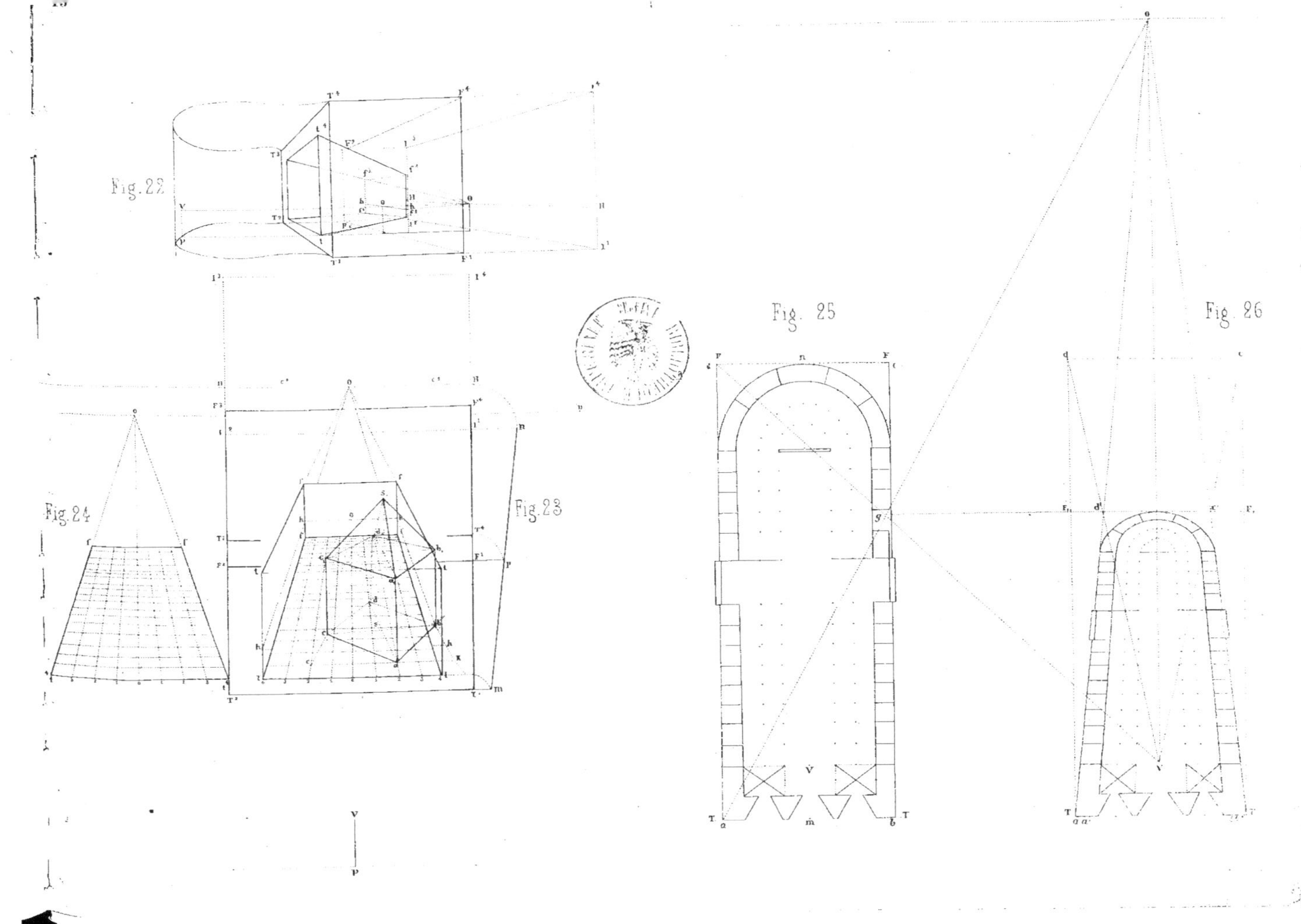

Fig. 22 Fig. 23 Fig. 24 Fig. 25 Fig. 26

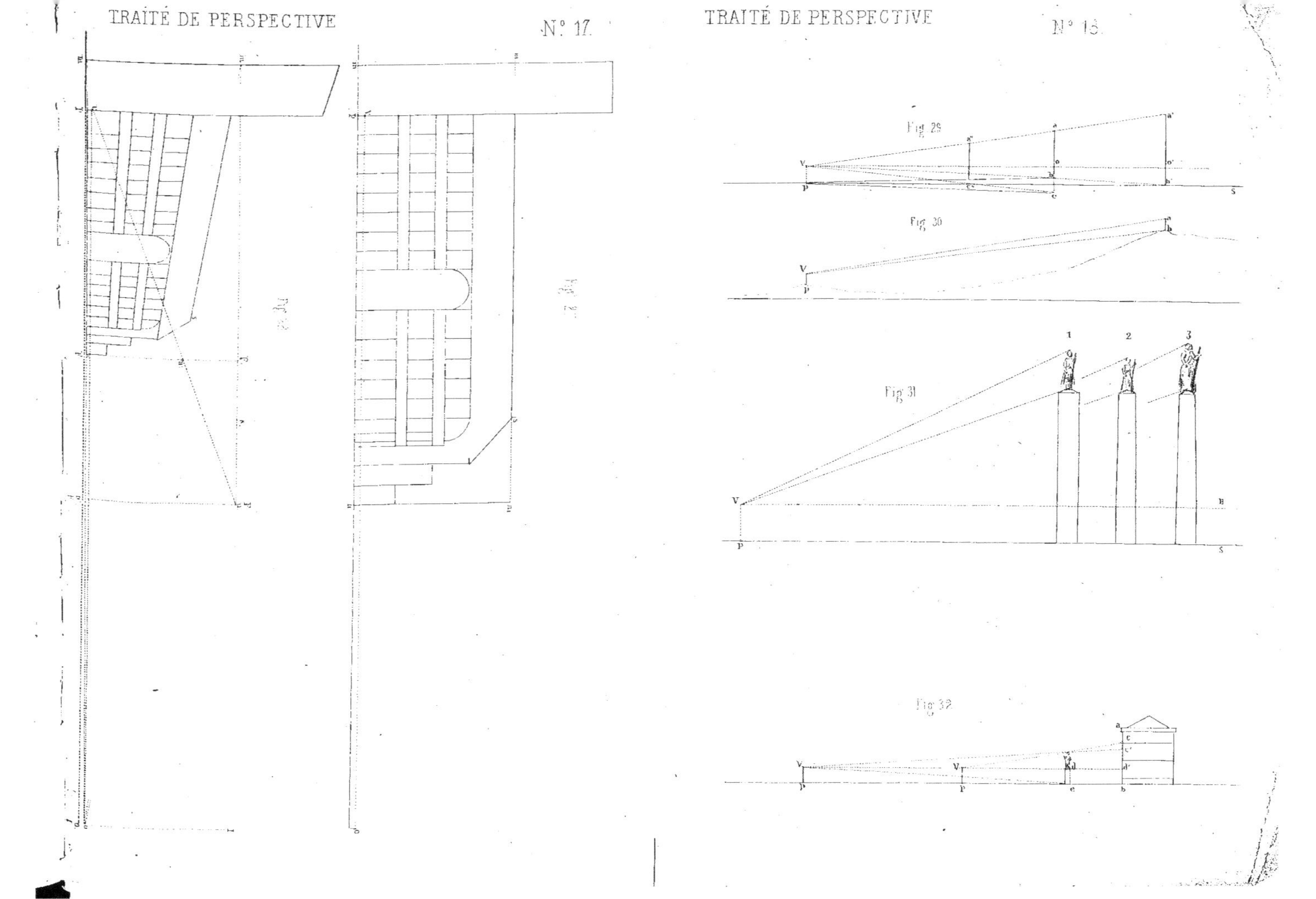
Fig 29
Fig 30
Fig 31
Fig 32

16 mai [illegible]